HISTOIRE NATURELLE

ET ÉCONOMIQUE

DU COCHON, DU LAPIN,

DU COCHON D'INDE,

DU CHAT ET DU FURET.

AVEC FIGURES.

PAR M. C. P. DE LASTEYRIE.

PARIS.

RUE TARANNE, Nº 12.

—

1834

IMPRIMERIE DE E. DUVERGER.
RUE DE VERNEUIL, N° 4.

HISTOIRE NATURELLE

ET ÉCONOMIQUE

DU COCHON.

Il semble que l'auteur de la nature en créant les
animaux, ait, à dessein, produit certaines espèces
qui, modifiées par l'intelligence humaine, devien-
draient propres à pourvoir à tous nos besoins. En
effet, le cheval, l'âne, le chameau, le renne nous
permettent, quel que soit le climat que nous habi-
tons, de transporter d'un lieu à un autre, nous
ainsi que les objets à notre usage, avec autant de fa-
cilité que de promptitude. Le bœuf, qui nous nourrit
de sa chair, est également propre aux transports, et
nous aide, avec le cheval et l'âne, à sillonner la terre,
et à lui faire produire les végétaux nécessaires à notre
existence. Le mouton et la chèvre nous nourrissent,
nous habillent, et fertilisent nos terres. Il n'est pas

jusqu'au chien et au chat dont nous ne retirions un genre de service particulier. Ainsi il semblerait qu'avec ces seuls animaux, sans y comprendre les oiseaux domestiques, qui cependant ont leur degré d'utilité, la nature bienfaisante eût pourvu à tous nos besoins; l'homme, en effet, avec ces seuls dons, n'aurait rien à désirer. Elle a cependant voulu mettre encore à sa disposition le cochon, animal qui, pouvant vivre sous tous les climats, s'accommodant de toute espèce de nourriture, forme dans tous les pays une portion plus ou moins notable des substances dont l'homme se nourrit. La nature semble aussi, en créant le cochon, avoir voulu réunir la série des animaux frugivores avec celle des animaux carnivores, car il s'alimente indistinctement de chair ou de végétaux.

Il est bon de remarquer que le cochon est un animal singulier, qui semble réunir en lui les divers caractères qui distinguent les autres animaux les uns des autres. Les parties intérieures de son corps ressemblent assez exactement à celles du corps de l'homme. Il a de l'analogie avec le cheval par le nombre de ses dents qui, toutes comprises, montent à quarante-quatre; par la longueur de sa tête, et en ce qu'il n'a qu'un seul estomac; il a des rapports avec le bœuf par la forme de ses pieds qui sont fissiles ou ont une corne divisée en deux parties; enfin, avec les animaux à griffes et carnivores, par son appétit pour la chair. Il fait aussi une exception à la loi générale de la nature, qui donne une moindre faculté reproductive aux animaux en raison de leur plus haute taille et de leur plus forte corpulence. En effet, les plus grands animaux, tels que l'éléphant, le bœuf, le cheval, etc., ne mettent bas qu'un petit à chaque portée, tandis que le lapin, le chat, la souris en ont un nombre bien plus considérable, ainsi que le cochon qui produit jusqu'à 16 ou 18. Cet animal diffère encore des autres quadrupèdes non-seulement par la consistance et par la qualité de sa graisse, mais aussi par la position qu'elle occupe dans son corps. La graisse de l'homme, comme celle des animaux qui n'ont point de suif, est mêlée assez également avec la chair, tandis que le lard du cochon, placé au-dessous de la peau, recouvre tout le corps. Il a cela de commun avec la baleine et les autres cétacées, dont la graisse n'est qu'une espèce de lard huileux. Une autre singularité qui n'est pas moins remarquable, c'est que le cochon ne perd aucune de ses premières dents. Il est, avec trois ou quatre autres animaux, tels que l'éléphant et la vache marine, le seul qui ait des défenses ou dents canines très allongées en demi-cercle, ressortant hors de la gueule.

Le cochon, répandu chez tous les peuples du monde, provient du sanglier que l'homme a su apprivoiser, malgré son caractère féroce et brutal. Le sanglier, dans l'état sauvage, ne diffère du cochon à l'extérieur qu'en ce qu'il a des défenses beaucoup plus longues, le groin ou bout du nez beaucoup plus fort, la tête et les pieds plus gros, les oreilles plus courtes, les poils ou soies plus rudes, et constamment noirâtres. Le cochon a six dents incisives à la mâchoire supérieure et six également à la mâchoire inférieure, mais arrondies, et émoussées à leur pointe: deux incisives et sept molaires de chacun des côtés des mâchoires. Il est à remarquer que le cochon n'a pas, comme la plupart des autres quadrupèdes, des dents qui tombent et qui sont remplacées par d'autres. Il conserve toute sa vie ses premières dents.

Le sanglier étant indigène en Europe, en Asie et en Afrique, le cochon, qui en émane, a pu également exister dans ces différentes contrées, et il est en effet répandu chez les divers peuples de la terrre. Il était inconnu en Amérique où il a été introduit par les Espagnols. Abandonné dans les bois, il est redevenu sauvage ; et dans cet état, il ne diffère en rien de nos sangliers. La couleur du poil des cochons varie selon les climats: dans le nord ils sont généralement blancs, et noirs dans le midi. On en voit dont le poil est roux ou varié de cette couleur et des deux précédentes.

La domesticité a produit chez le cochon, comme chez les autres animaux, des variétés dans l'espèce, d'après la différence de nourriture, de climat, ou d'après l'influence de l'homme. Il se trouve aussi des cochons très gros, et d'autres très petits; la race qu'on désigne sous le nom de cochons de Chine ou de Siam nous est venue de ces contrées, et elle en a produit de nouvelles par les croisemens qu'on lui a fait subir. Les individus de cette race sont plus petits que ceux de nos races ordinaires; ils ont le corps peu allongé et peu garni de poils, surtout dans la partie postérieure, les jambes courtes, les oreilles petites, le col court, ainsi que la queue, le boutoir plus raccourci que les cochons ordinaires, le poil d'un noir plus ou moins foncé. Ils sont très féconds, et donnent une chair blanche et très délicate. C'est par le croisement de cette race qu'on a obtenu une variété dont le ventre traîne jusqu'à terre, qui a le corps rond et ramassé, les os très petits, qui prend très facilement et très promptement la graisse. Il existe une espèce de cochon de Guinée qui a beaucoup d'analogie avec celle-ci. Le cochon à grandes oreilles produit les individus les plus forts en taille; il a de nombreuses variétés et est le plus répandu en Europe. Il se trouve en Espagne dans une grande beauté. On possède aussi dans les parties méridionales de ce pays une petite race excellente qui ressemble beaucoup au cochon chinois. Elle existe aussi dans le royaume de Naples. Les Anglais ont une grande variété de races excellentes qu'ils ont obtenues par des croisemens; ils préfèrent, en général, celles provenant, par un mélange judicieux, des fortes races avec les petites. Elles s'engraissent dans un âge moins avancé, ce qui offre un plus grand bénéfice au cultivateur. Les fermiers élèvent aussi des races à haute taille dont les individus, poussés à l'engraissement, sont parvenus jusqu'à mille et douze cents livres. Enfin, nos grandes races de Normandie, du Périgord et du Poitou sont très renommées. Nous avons en outre des variétés nombreuses plus ou moins remarquables. On s'est appliqué depuis quelques années à perfectionner ces races qui ont grand besoin d'être améliorées dans la plus grande partie de nos départemens. On a croisé le cochon domestique avec le sanglier, ce qui a produit des marcassins dont la chair conserve toujours un petit goût sauvage. Les Allemands ainsi que les Américains qui se sont, en général, donnés beaucoup de soin pour améliorer leurs races, en ont obtenu de très belles.

Le cochon acquiert toute sa croissance à l'âge de deux ou trois ans; il peut vivre jusqu'à vingt ou vingt-cinq ans. La femelle fait ses petits à l'âge de dix-huit mois ou deux ans, après les avoir portés pendant quatre mois environ. Quoiqu'elle n'ait pas plus de douze mamelles, souvent elle met bas jusqu'à quinze et même vingt petits. Un de nos hommes célèbres de France, le maréchal Vauban, a calculé qu'une seule truie, en dix années de temps, à raison de deux portées par an, pourrait produire six millions de cochons, quantité correspondante à celle qui peut être élevée sur le sol de la France. Si l'on suivait cette multiplication, dit Vauban, jusqu'à la douzième génération, il y en aurait autant que toute l'Europe pourrait en nourrir; et si l'on continue seulement jusqu'à la sixième, il est certain qu'il y aurait de quoi en peupler abondamment toute la terre.

Par la raison que le cochon est d'une santé robuste et qu'il n'est difficile ni pour son logement ni pour sa nourriture, les cultivateurs ont malheureusement pris la mauvaise habitude de le mal nourrir et de le mal soigner; négligence qui tourne toujours au détriment du possesseur. Il est donc indispensable de loger ces animaux dans des lieux sains et aérés, et tenus très proprement, ce qui peut se faire soit en les lavant, soit en y entretenant une litière suffisante. On n'est jamais embarrassé quant à la qualité d'alimens, mais on néglige d'en donner une quantité suffisante. Les petits cultivateurs, en élevant un ou plusieurs cochons, trouvent l'avantage de tirer parti d'une foule de substances qui seraient perdues, et que ces animaux peuvent consommer; tels sont les débris d'un jardin, les fruits gâtés, le son, les mauvais grains, le petit-lait des vaches, les feuilles des arbres, les restes de légumes et de racines; enfin le pacage qu'offrent les champs après la récolte, les lieux marécageux, les bois, les chemins et autres lieux vagues et incultes. Dans quelques contrées où la pêche est très abondante, on nourrit les cochons avec des poissons. On les engraisse en Chine avec la canne à sucre. Nous avons vu employer dans le même but la sciure de bois mêlée avec du sang de bœuf. Les fermiers qui possèdent une certaine étendue de terre peuvent entretenir une plus ou moins grande quantité de cochons, en cultivant les plantes, les grains et les racines convenables à leur bon entretien. Ainsi on peut leur donner des pommes de terre, des carottes, des navets et autres racines, du trèfle, de la luzerne, de la chicorée, des fèves, de l'orge, des châtaignes, du sarrasin, des choux; toutes choses très propres à les engraisser. On les envoie dans les bois où ils trouvent non-seulement du gland, mais une foule d'autres semences, des racines de toute espèce, des vers et autres insectes. Ils saisissent les serpens avec beaucoup d'adresse et les dévorent. Dans quelques lieux d'Amérique on emploie des troupeaux de cochon pour détruire les serpens, même les plus venimeux, tels que les serpens à sonnette. Le cochon est un animal vorace; mais on peut le rassasier aisément, et on se trouve largement récompensé par sa dépouille. Il n'est pas sale par nature, comme on le croit communément; il se tient proprement ainsi que le sanglier, lorsqu'on lui donne un logement assez spacieux, et qu'on a soin de changer fréquemment sa litière. S'il se vautre dans la fange, c'est pour se rafraîchir, ou pour se débarrasser de la vermine qu'il contracte dans les sales réduits où on le loge.

Les sens du cochon sont doués d'une plus grande sensibilité que ne semble le faire croire son extérieur lourd et grossier. Il a, ainsi que le sanglier, l'odorat très fin. On sait que les chasseurs qui veulent surprendre ce dernier se mettent toujours au-dessous du vent, pour que les émanations de leur corps ne parviennent pas jusqu'à lui. C'est cette finesse d'odorat qui le rend propre à découvrir les truffes qui végètent assez profondément en terre. Dans le Périgord où croissent les truffes si recherchées par les gourmets, on conduit, dans les localités où l'on présume qu'il peut s'en trouver, des cochons qui, en parcourant le terrain, sont avertis par leur odorat du lieu précis où elles sont placées. Alors ils fouillent la terre avec leur grouin pour parvenir aux truffes dont ils sont très friands, et en faire leur profit. Mais après les avoir détournés en leur jetant quelques grains de maïs pour les encourager à continuer leur recherche, on fouille la terre plus avant avec un instrument, et l'on récolte les truffes qui se trouvent au lieu indiqué.

Lorsqu'on frappe un cochon, il se plaint en grognant, preuve qu'il n'est pas moins sensible que les autres animaux, quoique l'effet des coups qu'il reçoit soit amorti en partie par l'épaisseur de la graisse ou lard dont son corps revêtu. Cette substance n'a pas en effet la sensibilité des muscles ; on raconte qu'un cochon mis à l'engrais était devenu tellement gras qu'il pouvait à peine se remuer et qu'une souris s'était logée dans l'épaisseur du lard dont son dos était couvert.

La force musculaire du cochon est, proportion gardée, aussi considérable que celle du cheval et du

taureau, et il n'a pas moins d'impétuosité que ces animaux; on sait qu'un sanglier qui traverse une forêt
renverse tous les arbustes qui se rencontrent sur son
passage, et qu'avec ses défenses il éventrerait un
homme qui se trouverait sur sa route. Il est cependant en Allemagne des chasseurs assez intrépides
pour attendre le choc impétueux du sanglier. Un
genou en terre, le corps et la tête baissés, tenant
fermement des deux mains une pique dont le bout
du manche est bien assujéti en terre, ils reçoivent
le sanglier qui va droit à eux, et qui, rencontrant
le fer de la lance, se l'enfonce au travers du corps,
ou culbute le chasseur qui se relève après avoir été
plus ou moins maltraité.

Un voyageur raconte que les cultivateurs de l'île
de Minorque ont su utiliser le cochon même pendant sa vie, et qu'ils l'attellent conjointement avec
un âne, un cheval et une vache pour labourer la terre;
et, au dire de ce voyageur, le cochon remplit sa
tâche avec autant d'énergie que les trois autres animaux.

Le grouin du cochon est doué d'une force musculaire extraordinaire. Il sillonne et retourne la terre
comme on pourrait le faire avec un instrument en
fer. Quelques cultivateurs, pour bien défoncer un
terrain, le sèment avec des topinambours, dont ils
abandonnent la récolte aux cochons qui creusent en
tout sens pour trouver les tubercules de cette plante,
et ameublissent ainsi le champ qui leur est livré.

Mais les services que le cochon nous rend après sa mort sont d'une bien plus grande importance. Sa chair est d'une ressource immense pour la nourriture des habitans des villes, mais principalement pour ceux des campagnes. Elle est très substantielle et même très saine pour les personnes qui s'occupent de travaux actifs. Les Romains nourrissaient avec de la viande de porc leurs athlètes qui se livraient chaque jour à des exercices très violens. Les personnes sédentaires ou délicates ne digèrent pas facilement cette viande, dans les climats froids ou tempérés ; elle leur convient cependant dans les pays chauds tout aussi bien que les viandes les plus délicates, telles que celles de volaille. Nous avons vu avec surprise donner dans les hôpitaux du midi de l'Espagne la chair de porc bouillie aux convalescens, aussitôt après qu'ils relevaient de graves maladies ; l'expérience a prouvé que, dans ce cas, cette viande est aussi saine que toute autre. Ce fait est confirmé par Nieschoff qui rapporte, dans son voyage à la Chine, que la viande de cochon est si savoureuse et si saine dans ce pays qu'on n'en donne pas d'autre aux malades. Ce n'est donc pas parce que cette viande était insalubre ou qu'elle donnait la lèpre, maladie anciennement très commune, que Moïse l'avait défendue aux Juifs. Il avait en cela adopté une pratique en usage parmi les Egyptiens, qui était due à quelques préjugés superstitieux ; résultat de la profonde ignorance de ce peuple. Mahomet, fanatique et non moins ignorant, l'a aussi interdit aux sectateurs de sa religion.

Le cochon est le seul animal dont toutes les parties du corps soient également bonnes à manger. La tête, les oreilles, les jambes, les pieds, la langue, les viscères, le sang, rien n'est perdu. La viande se mange fraîche ou salée ; sa tête, désossée et ajustée avec d'autres parties de son corps, forme un mets très recherché. Il en est de même de la hure ou tête de sanglier. On prépare les pieds de manière à attendrir les os au point qu'ils sont bons à manger ; c'est ce qu'on appelle pieds de Sainte-Menehould, ville renommée pour ce genre de préparation ; la chair de porc, hachée menue, donne des saucisses qui ne sont pas moins recherchées sur nos tables, que les boudins, composés de viande, de sang et de lard, le tout enveloppé dans ses boyaux. La graisse des intestins, qu'on désigne sous le nom de saindoux et qui diffère du lard, est un excellent assaisonnement pour les légumes ; elle est aussi employée dans la pâtisserie, pour les fritures et même dans plusieurs arts.

La chair du porc, très succulente dans sa fraîcheur, est d'une grande ressource pour les campagnes où on la mange avec des choux, des pommes de terre ou autres légumes dont elle forme l'assaisonnement. Nos ancêtres en faisaient un très grand usage, car la France, anciennement couverte de forêts, nourrissait un très grand nombre de cochons.

Elle n'était pas moins estimée chez les Romains qui, dans leurs repas splendides, faisaient servir des cochons entiers et farcis de grives, d'huîtres, et assaisonnés de vin et d'épices. C'est ce qu'ils nommaient un *porc à la troyenne*, faisant allusion au cheval de bois rempli d'hommes que les Grecs avaient fait entrer par ruse dans la ville de Troie, en Asie.

La viande de cochon se mange le plus généralement après avoir subi la salaison, car elle prend mieux le sel et se conserve plus long-temps que celle des autres animaux. Elle est surtout d'une grande ressource dans les voyages de long cours, pour la marine marchande et militaire, ou dans les ménages de campagne qui tuent un ou plusieurs cochons pour leur consommation.

Après avoir tué un cochon, on grille ses poils avec de la paille, on le vide et on le dépèce en morceaux. On apporte quelque différence dans la salaison du lard, de la chair et des jambons. On frotte et on saupoudre le lard avec du sel égrugé menu et bien sec; quelques personnes y ajoutent moitié salpêtre, ce qui lui donne plus de consistance. On dépose les pièces dans une auge ou grand vase en bois, et on les laisse dans cet état pendant un mois, ayant soin de les retourner fréquemment et d'y ajouter du sel si c'est nécessaire. On les retire ensuite du vase et on les met auprès d'une cheminée ou dans un endroit très sec. Après les avoir laissées dans cet état pendant trois semaines ou un mois, on les suspend au plancher. Pour faire avec la viande ce qu'on nomme petit salé, on la coupe en morceaux en en retranchant les os qui ont peu de chair, le col, les jambes et la tête; on les frotte bien avec du sel dans lequel on met un peu de salpêtre, et on les dépose dans un vase au fond duquel se trouve une couche de sel; on les arrange ainsi, la peau tournée vers le haut, par lits, sur lesquels on répand un peu de sel. Il faut avoir soin de les presser aussi fortement que possible, afin qu'il ne reste entre eux aucun vide. On peut aussi ajouter du salpêtre, mais non pas en trop grande quantité, ce qui rendrait la viande dure. Le tout étant ainsi disposé, on couvre le vase et on le laisse ainsi pendant un mois ou six semaines, époque où la saumure vient à monter à la surface. Il serait nécessaire, dans le cas où elle ne recouvrirait pas toute la viande, d'en ajouter de nouvelle qui s'obtient en faisant fondre du sel dans l'eau; car sans cette précaution, la conservation ne serait pas aussi bonne.

On peut employer la méthode suivante lorsqu'on veut préparer du jambon avec les cuisses du cochon. On peut également apprêter les épaules. On les frotte bien avec du sel et on les pose ainsi sur une planche ou dans un vase pour laisser écouler la saumure. Quelques personnes les couvrent entièrement de sel. On les frotte de nouveau au bout de cinq jours comme on avait fait la première fois, en ajoutant au sel une once de salpêtre; après les avoir laissés ainsi sur une planche ou dans un vase avec la saumure, on les suspend dans la cheminée pour les fumer, ou même dans un lieu sec sans fumée, ainsi que le pratiquent quelques personnes, et le salé peut, dans ce dernier état, se conserver jusqu'au moment des grandes chaleurs.

La peau du cochon sert à faire d'excellens cribles; elle est employée à confectionner des selles, des harnais, des reliures de livres, et à d'autres usages, comme le cuir, après avoir reçu les mêmes préparations. Conservée avec ses poils, elle sert à couvrir des malles. On fait avec ces mêmes poils, ainsi qu'avec ceux de sanglier qui sont plus rudes, des brosses, des pinceaux, etc. Il n'est pas jusqu'aux excrémens du cochon qui ne soient utiles pour fertiliser nos terres.

HISTOIRE NATURELLE

ET ÉCONOMIQUE

DU LAPIN.

Le lapin est un petit animal qui pullule beaucoup et que l'on peut élever avec avantage dans différentes circonstances. Il est indigène en France, et se plaît dans les terrains secs, sablonneux, couverts de bruyères et de broussailles. Il est assez commun en Angleterre, où il s'en fait une consommation plus considérable qu'en France; il ne se trouvait pas naturellement dans ce pays, il y a été introduit par le soin des hommes. Moins sauvage que le lièvre il a été facile de le réduire à l'état de domesticité. Peut-être parviendrait-on avec des soins à modifier le caractère revêche et indépendant de ce dernier, et à l'élever dans nos habitations ainsi que le premier; ce serait une conquête sur la nature; on se procurerait une chair plus délicate et plus savoureuse que celle du lapin.

Le lapin a avec le lièvre une grande ressemblance

extérieure, mais il en diffère par ses mœurs et par ses habitudes; ces deux animaux ne peuvent pas vivre ensemble et ils se battent entre eux, même jusqu'à la mort si on les enferme dans le même lieu. Un grand naturaliste romain, Pline, a judicieusement observé que les petits animaux les plus inoffensifs et qui rendent les plus grands services à l'homme sous le rapport alimentaire sont les plus productifs. Cette observation s'applique principalement au lapin qui peut avoir annuellement sept portées de petits, et qui chaque fois en met bas sept à huit. En supposant donc que ce produit eut lieu sans interruption pendant quatre années, un mâle et une seule femelle produiraient dans cet espace de temps un million deux cent soixante-quatorze mille huit cent quarante lapins. C'est cette prodigieuse fécondité qui a suggéré aux Espagnols d'aller chercher, en Afrique, le furet, dont nous parlerons plus bas, pour détruire les lapins qui s'étaient multipliés d'une manière prodigieuse en Espagne, dont le climat, le sol, et les plantes leur conviennent parfaitement. Ces animaux envahiraient bientôt un pays s'ils n'étaient entourés d'ennemis qui leur font sans cesse la guerre, tels que les oiseaux de proie, les loups, les renards, les fouines, etc., et surtout l'homme qui a tant de moyens de les détruire. Ils n'ont d'autre refuge que des terriers qu'ils forment en grattant la terre avec les pattes de devant. Ils y pratiquent deux ouvertures afin de pouvoir fuir si quelque ennemi vient à pénétrer dans l'intérieur. C'est dans cette retraite que les lapins passent le jour, n'allant paître dans la campagne que le soir, après le coucher du soleil, ou le matin, avant qu'il ne se lève. Il est des terrains tellement remplis de pierres et de cailloux que le lapin ne pouvant les creuser se loge dans un gîte comme les lièvres.

Il peut produire à l'âge de 6 ou 8 mois; la femelle reste pleine pendant un mois, et les petits tètent pendant 22 jours. On élève les lapins domestiques de deux manières : dans des garennes qui sont fermées par des espaces de terrain plus ou moins étendus, qu'on entoure de murailles afin de les empêcher de s'échapper dans la campagne; car lorsque ces animaux sont trop multipliés ils occasionnent de grands dégâts, dévorent les récoltes, et jusqu'à l'écorce des arbres, lorsqu'ils manquent d'autre nourriture pendant l'hiver. On pratique quelquefois avec des pierres des galeries qu'on recouvre de terre en forme de monticules, afin de faciliter aux lapins le moyen de se loger plus promp·tement. On sème dans ce local quelques herbes et on y fait croître quelques arbustes ou broussailles. Il faut avoir soin, lorsqu'ils manquent de nourriture, surtout en hiver, de leur donner sous un abri du foin ou d'autre fourrage, des branches d'arbre avec leurs feuilles, des pommes de terre, ou d'autres racines.

Mais l'éducation la plus généralement suivie

pour les lapins, consiste à les loger dans un endroit abrité et bien aéré. On met ordinairement les femelles avec leurs petits dans des cases en bois. On sépare celles-ci des mâles ; on leur distribue en petite quantité à la fois des feuilles de choux, de chicorée et autres débris de jardin, et des racines de toute espèce.

Il faut leur donner de la litière et les tenir proprement afin qu'ils ne contractent pas de maladies. L'éducation d'un certain nombre de lapins peut être très profitable dans les petits ménages de la campagne lorsqu'elle est conduite avec intelligence.

Les poils de lapin trouvent une grande consommation dans la fabrication du chapeau; la peau garnie de ses poils donne une fourrure très chaude. Sa chair, quoique moins estimée que celle du lièvre, est cependant assez délicate. On fabrique avec le poil de lapin d'Angora des gants, des châles et autres tissus. Ce poil est plus long, plus souple et plus soyeux que celui du lapin ordinaire. Le lapin angora est une variété qui ne diffère de ce dernier que par la nature de son poil.

HISTOIRE NATURELLE

ET ÉCONOMIQUE

DU COCHON D'INDE.

C'est à tort qu'on a donné a ce petit quadrupède le nom de *Cochon d'Inde*, car il n'a aucune analogie avec le cochon ordinaire, et il n'est pas indigène de l'Inde, mais du Brésil, dans l'Amérique-Méridionale. Il appartient au genre que les naturalistes ont désigné sous le nom de *rongeurs*, et qui a bien plus de rapports avec le lièvre et le lapin qu'avec le cochon.

Le cochon d'Inde a le corps court et arrondi, le col extrêmement gros ; la tête allongée vers son extrémité, les oreilles aussi larges que hautes, les yeux gros et éminens ; ses dents ressemblent à celles du rat ; il est muni de quatre doigts aux pieds antérieurs et de trois aux pieds de derrière ; sa queue est très courte ; son poil assez rude quoique lisse est quelquefois entièrement blanc, et pour l'ordinaire parsemé de larges taches noires ou d'un jaune fauve.

Cet animal aime le chaud et craint les lieux

humides ; il se propage cependant dans toute l'Europe lorsqu'il n'éprouve pas un froid trop rigoureux. On l'élève plutôt par fantaisie que pour les usages de la table, car sa chair, qui peut se manger, est fade et insipide ; elle est chargée d'une grande quantité de graisse. Il est trop petit pour que sa fourrure et sa peau puissent trouver des applications utiles.

Le cochon d'Inde multiplie considérablement, étant en état de reproduire son espèce cinq à six semaines après sa naissance, ne portant que trois semaines, n'allaitant ses petits que pendant douze ou quinze jours, et mettant bas de cinq à dix petits. Il a un sommeil court et fréquent qu'il n'interrompt que pour manger, ce qu'il réitère souvent. Cet animal peut être assimilé aux gens oisifs, qui passent leur vie à boire et à manger, et qui paraissent n'être placés sur la terre que pour consommer sans rien produire, hommes aussi funestes en politique qu'en morale.

Au reste, le cochon d'Inde n'est pas difficile pour sa nourriture ; il mange toutes sortes d'herbes et de fruits, des grains, du son, du pain, des feuilles d'arbres, etc. Il est à remarquer qu'il ne boit jamais et que cependant il urine beaucoup. Toute espèce de logement lui convient, pourvu qu'il soit dans un lieu sec. Il a un son de voix ou un grognement qui ressemble un peu à celui du cochon de lait, et qu'il émet lorsqu'il est content. Il pousse un petit cri aigu lorsqu'il souffre ou qu'il est inquiet.

HISTOIRE NATURELLE

ET ÉCONOMIQUE

DU CHAT.

Le chat est un animal carnivore que les naturalistes rangent dans la classe du lion, du tigre, du léopard, etc. Plus petit que ces animaux, il s'en rapproche par plusieurs caractères de conformation, ainsi que par ses habitudes et ses mœurs. Comme eux il vit de proie qu'il surprend par la ruse et sur laquelle il se jette avec impétuosité lorsque ses mœurs n'ont pas été adoucies par la domesticité. Il conserve son caractère de traîtrise et d'indépendance quoique depuis long-temps il ait l'habitude de vivre sous le même toit que l'homme. Il conserve, même lorsqu'il est bien nourri, son instinct pour la rapine. On le voit dans les campagnes s'éloigner du domicile de son maître pour guetter les oiseaux et même les poissons qu'il attrape avec beaucoup d'adresse et d'habileté. Si le chat avait la taille du lion et du tigre, il ne serait pas moins à redouter pour l'homme que le sont ces deux animaux, car on apprivoise les lions et les tigres et on les élève comme les chiens ; mais il arrive souvent que leur férocité naturelle prend le dessus et qu'ils mettent en grand danger les personnes dont ils approchent.

Le chat a la tête arrondie, le museau court, quatre molaires au plus à chaque mâchoire et de chaque côté, des oreilles courtes, de longs poils au museau, des ongles qui se replient dans une espèce d'étui et qui se développent en dehors lorsqu'il veut se défendre ou s'emparer de sa proie. Il a la langue râpeuse, le corps allongé et souple, les pattes de devant divisées en cinq doigts et celles de derrière en quatre seulement.

Le chat sauvage est généralement plus long et d'une taille plus élevée que le chat domestique. Sa fourrure est d'un gris brun ; il porte, le long du dos ainsi que sur quelques autres parties du corps, une bande noire. Il est à remarquer que le chat sauvage se trouve dans toutes les parties du monde ; il existait même en Amérique avant que la conquête de ce vaste continent fût faite par les Européens ; il est par conséquent peu de quadrupèdes qui se soient autant répandus sur le globe. On ne le trouve aujourd'hui en Europe que dans les forêts d'une certaine étendue, car il ne faut pas le confondre avec le chat maraudeur qui s'écarte souvent loin de sa demeure habituelle pour attraper les oiseaux, les lapins et autres petits animaux, qui le dédommagent de la mauvaise chère que lui font faire ses maîtres. Une autre observation non moins particulière, c'est que, de tous les animaux domestiques, c'est celui dont les formes et les qualités primitives ont le moins changé, tandis que la domesticité a produit chez les autres animaux des altérations tellement sensibles et des races qui diffèrent si prodigieusement de l'espèce primitive que l'on serait porté à croire que ces races sont distinctes et qu'elles ont une origine différente. Ainsi, le mâtin diffère prodigieusement du bichon, le lévrier du barbet, etc. Toutes les races de chiens qui existent aujourd'hui ne proviennent cependant que de la même espèce, quelle que puisse être leur dissemblance entre elles.

La chatte produit ordinairement cinq ou six petits qui naissent les yeux fermés, et avec des oreilles très courtes. C'est au bout du huitième jour qu'ils commencent à voir la lumière. La chatte a beaucoup de tendresse pour ses petits; elle choisit pour les déposer un lieu retiré et obscur afin qu'ils soient en sûreté pendant son absence. Elle cherche aussi à les soustraire à son mâle qui les dévore quelquefois. Lorsqu'elle est découverte dans la retraite qu'elle a choisie, ou lorsqu'elle redoute quelque danger pour ses petits, elle les emporte dans un lieu sûr, les uns après les autres. A cet effet elle les prend avec les dents par la peau du dos et ne les serre qu'autant qu'il faut pour ne pas les laisser échapper, et sans leur faire de mal. Elle tient sa tête élevée afin que leur corps ne touche pas à terre, et dans cette attitude elle a un air inquiet et paraît craindre qu'elle ne soit découverte.

La chatte est excellente mère et prend un soin tout particulier de ses petits. Lorsqu'elle aperçoit un chien ou tout autre animal qui cherche à s'en approcher, elle se présente au-devant de lui, animée de crainte et de fureur; elle hérisse le poil de tout son corps, relève le dos, roidit ses membres, prête à sauter sur son ennemi, s'il est assez audacieux pour se porter vers elle; elle lui montre les dents et fait entendre une espèce de sifflement de colère et de menace. Elle lèche ses petits, les caresse et joue avec eux. Elle miaule pour les appeler à elle, et exprime sa tendresse et sa satisfaction en émettant un râlement tout particulier.

Les jeunes chats sont gais, vifs, adroits, très gracieux et très souples dans leurs mouvemens. Ils aiment à jouer entre eux et même avec l'homme. Ils sont très familiers et resteraient tels si on ne les effarouchait par de mauvais traitemens. Leur instinct les porte bientôt à guetter les souris, les oiseaux et même les autres petits animaux. Ils les saisissent très adroitement avec leurs griffes, s'amusent quelques instans à jouer avec eux, et finissent par les tuer et les manger lorsqu'ils sont pressés par la faim. Le chat est très friand de poissons; on le voit souvent les guetter au bord des pièces d'eau, et d'un coup de patte les saisir et les enlever avec ses griffes. Il est carnassier, et rejette en général toutes les substances végétales. Il mâche fort peu les alimens dont il se nourrit, ses dents étant conformées plutôt pour déchirer que pour broyer. Lorsqu'on lui présente des alimens, il les saisit avec précaution, ce qui semblerait faire croire qu'il a l'odorat peu sensible. On le voit cependant flairer les corps qu'il rencontre, et il reconnaît très bien la trace odorante que les souris laissent après elles.

Le chat est d'une extrême propreté, il craint de se mouiller les pattes et il évite avec soin la boue ou tout ce qui pourrait salir son corps. Il pourrait servir, sous ce rapport, de modèle a beaucoup de personnes, qui négligent par paresse ou par indolence de maintenir dans un état de propreté leur visage, leurs mains, corps, et même leurs vêtemens. On ne doit pas oublier que la propreté est non-seulement une vertu sociale, mais aussi qu'elle contribue à la santé, et qu'elle est un signe de respect pour soi-même et pour autrui. Le chat pousse la propreté très loin ; lorsqu'il a mangé, il passe et repasse sa langue de chaque côté de ses mâchoires et sur ses moustaches pour les nettoyer. Il se nettoie le corps avec sa langue dont les aspérités font l'office d'une étrille. Mais, comme elle ne peut atteindre aux parties supérieures de la tête, il y passe la patte après l'avoir mouillée de salive ; il semble même avoir une certaine pudeur, car il se retire dans un lieu écarté pour rendre ses excrémens, que même il a soin de couvrir avec de la terre chaque fois que la chose lui est possible.

Le chat a communément le sommeil peu profond ; il reste peu en place lorsqu'il est libre de ses actions. Il rôde de côté et d'autre, de la cave au grenier ; il aime à grimper sur les toits et à parcourir dans la campagne les environs de son domicile ; il recherche les lieux chauds et il se plaît au soleil.

Le chat tombe souvent de lieux très élevés sans se faire mal, ce qui est dû à la légèreté de son corps et à la souplesse de ses membres qui cèdent et se prêtent au choc qu'ils éprouvent dans ces chutes. Il en est de même chez les hommes agiles et exercés par la gymnastique. L'habitude qu'ont contractée leurs membres de se prêter à des efforts et à des secousses violentes les dispose à soutenir sans accident des chocs ou des chutes qui seraient funestes à d'autres personnes. On remarque cependant que si l'on vient à frapper un chat sur le nez d'un coup assez léger, il meurt à l'instant. Une singularité dans ces animaux, c'est l'attrait qu'ils ont pour la plante que l'on nomme *chataire* ou *herbe aux chats*. Ils la sentent de très loin ; ils y accourent avec empressement ; ils se frottent et se roulent sur les tiges, et paraissent en éprouver un grand plaisir ; aussi l'on est obligé, dans les jardins où l'on veut cultiver cette plante, de la couvrir avec un treillage en fil de fer, afin d'empêcher ces animaux de la détruire.

Un autre phénomène non moins curieux, c'est la vertu électrique dont est douée la fourrure du chat. En effet, si on la frotte avec la main dans un lieu obscur, on voit paraître des étincelles sur la surface de son corps.

Nous avons déjà parlé de ce murmure sourd et continu que l'on remarque dans les chats lorsqu'on les caresse et qu'ils éprouvent du contentement; c'est une manière assez singulière de manifester la sensation agréable qu'ils éprouvent. Il est de tous les animaux, avec le chien, celui qui est le plus sensible aux caresses qu'on lui fait; il paraît s'y complaire par ce léger murmure et par les mouvemens de son corps et de sa queue.

Le chat n'a pas pour l'homme le même attachement que le chien; il est cependant très familier lorsqu'il ne reçoit pas de mauvais traitemens; mais il est plus attaché au domicile qu'au maître lui-même; car si on l'en éloigne il y revient, quel qu'en soit le possesseur, tandis que le chien suit toujours son maître partout où il se transporte, sans jamais l'abandonner.

On trouve très peu de variétés dans l'espèce du chat qui a une fourrure d'un gris foncé avec des nuances plus ou moins pâles; quelques individus sont blancs, les autres entièrement noirs ou mélangés de ces deux couleurs, et quelquefois avec des nuances rousses. La variété la plus remarquable est celle connue sous le nom de *chat d'angora*, dont les poils sont longs, touffus et soyeux.

Le chat, qui pendant sa vie nous est d'une grande utilité puisqu'il détruit les rats et les souris qui, sans lui, dévasteraient nos provisions alimentaires, ainsi que tous les objets employés à nos usages domestiques, nous rend encore quelques services après sa mort. Sa fourrure, épaisse et douce au toucher, est assez recherchée pour les vêtemens d'hiver, les gants, les manchons, les casquettes et autres objets semblables. Ses boyaux peuvent être employés dans la fabrication des petites cordes des instrumens de musique.

HISTOIRE NATURELLE

ET ÉCONOMIQUE

DU FURET.

Le furet a beaucoup d'analogie avec le putois par sa taille, par ses formes; il en diffère par la couleur de sa fourrure, par son museau plus étroit et moins allongé. Il est l'ennemi des oiseaux qu'il va dénicher dans les trous des arbres et des murailles, mais surtout des lapins sur lesquels il se jette avec fureur, même lorsqu'ils sont morts.

C'est un animal indigène en Afrique, et que les Espagnols ont transporté dans leur pays pour donner la chasse aux lapins qui s'y étaient tellement multipliés qu'ils occasionnaient des dommages notables aux récoltes; il s'est répandu d'Espagne dans le reste de l'Europe. On peut le considérer comme un animal domestique, quoique le service qu'il nous rend soit très borné. Il est cependant élevé et se propage par nos soins. Il vit de rapine dans son état sauvage ; mais il perd sa férocité dans son état de domesticité, et son instinct le porte à attaquer les petits animaux dont il suce le sang. Il entre volontiers dans les trous des lapins qui se voient obligés de sortir de leur retraite, afin de ne pas devenir victime de cet ennemi redoutable ; il dort presque habituellement. On le nourrit avec du paiu trempé dans du lait.

Sa couleur est d'un jaune pâle, quelquefois mélangé de blanc, de noir ou de fauve. Ses yeux sont vifs et animés, ses oreilles courtes et arrondies, son museau très pointu ; il a environ treize pouces de long, le corps fort effilé, faible, et les jambes courtes, ce qui le rend très propre à pénétrer dans les terriers. Il déchire rarement sa proie ; il se contente de lui sucer le sang ; c'est pour cela qu'il est nécessaire de le museler avant de le faire entrer dans ces trous, car sans cette précaution il s'endormirait après avoir sucé le sang des lapins sans reparaître au dehors, et l'on perdrait le lapin et le furet. Il arrive quelquefois qu'il se débarrasse de sa muselière ; alors il est nécessaire de défoncer les trous, afin de ne point le perdre ; il ne sortirait sans cela que lorsqu'il serait pressé par la faim, et irait à la recherche d'autres trous pour chercher d'autres victimes, jusqu'à ce que l'hiver le fît périr de froid. On essaie aussi de le faire sortir en brûlant de la paille à l'ouverture du trou pour l'enfumer ; mais ce moyen ne réussit pas toujours.

La femelle est moins grande que le mâle; elle porte ses petits deux fois par an, et en produit de cinq à neuf. Natif des contrées situées sous la zone torride, il ne peut endurer les froids de nos hivers; c'est pour cela qu'on le tient chaudement dans des boîtes sur un lit de laine. Il répand une odeur forte et désagréable; il est fort irascible et n'a aucun attachement pour l'homme, et il mord lorsqu'on l'inquiète.